Elisabeth Schwinge

Farbrausch Samt

Seidensamt färben,
bedrucken,
besprühen,
bemalen,
schnüren ...

frechverlag

Im frechverlag sind zahlreiche Bücher zum Thema Seidenmalerei erschienen. Hier eine kleine Auswahl:

TOPP 2159

TOPP 2208

TOPP 2394

TOPP 2318

TOPP 2259

Folgenden Firmen danke ich für die Bereitstellung von Farben oder Seide:
Arty's
Brauns Heitmann
Heidelberger Naturfarben
Hobbidee
Ideen in Stoff
Meier Seide
Silkolor

Der blaue Schal rechts auf der Titelseite hat ein Ausbrennermuster und ist mit dampffixierbarer Seidenmalfarbe in Türkis und Marineblau sowohl pur als auch gemischt und verdünnt in Aquarellverläufen bemalt.

Fotos: frechverlag GmbH + Co. Druck KG, 70499 Stuttgart; Florian Schwinge, Fotodesign Köln

Auflage: 5. 4. 3. 2. 1. | Letzte Zahlen
Jahr: 2002 2001 2000 1999 98 | maßgebend

frechverlag GmbH + Co. Druck KG, 70499 Stuttgart

ISBN 3-7724-2396-5 · Best.-Nr. 2396

Druck: frechverlag GmbH + Co. Druck KG, 70499 Stuttgart

Samt und Seide waren früher Königen und Fürsten vorbehalten. Doch diese Zeiten sind vorbei. Denn heute kann sich jeder diese Stoffe leisten. Samt und Seide in einem textilen Material vereint, ist etwas Besonderes: **Seidensamt**. Er ist etwas teurer als Pannesamt, dafür aber unvergleichlich schöner und dazu gemacht, von uns bemalt zu werden. Sein Basisgewebe besteht aus Seide, der Flor aus Viskose oder Acetat. Das seidene Basisgewebe läßt den Seidensamt so herrlich weich fließen und wunderbar fallen. Der hochglänzende Flor verleiht ihm ein Schillern und Changieren und damit das Flair von festlich Exklusivem.

Das Bestechende ist, daß Sie mit den entsprechenden Kenntnissen in der Lage sind, dieses herrliche Material ganz nach Ihrem Geschmack zu gestalten. Seidensamt als Meterware eignet sich für alle, die nähen können oder für diejenigen, die eine Schneiderin haben. Es gibt aber auch sehr schöne fertige Samtkleidung zum Selbstbemalen. Und das besondere Accessoire für alle Gelegenheiten sind die wunderschönen Schals und Tücher. Meterware, Tücher und Schals gibt es sowohl aus Vollsamt als auch aus Burnout- bzw. Ausbrenner-Samt.

Mit welchen Techniken Sie Samt individuell gestalten können, zeige ich Ihnen im folgenden ausführlich und leicht verständlich. Ich stelle Ihnen auch einige Techniken vor, für die Sie keine Dampffixierung benötigen, und auch das Aufspannen auf einen Rahmen ist in den meisten Fällen nicht nötig.

Lassen Sie sich vom Seidensamt verführen, widmen Sie sich diesem herrlichen Material, und tauchen Sie ein in den

Farbrausch Samt!

Ich wünsche Ihnen viel Freude und Erfolg.

Seidensamt und seine Besonderheiten

Seidensamt besteht aus zwei Fasern: dem Grundgewebe aus reiner Seide und dem Flor aus Viskose oder Acetat. Das seidene Grundgewebe verursacht den herrlichen Fall des Samtes, Viskose oder Acetat geben ihm diesen unübertroffenen Glanz.

Ausbrenner- oder Burnout-Samt hat eine Eigenmusterung. Teile des Flors wurden in verschiedenen Mustern entfernt. Dabei entstehen Partien, die nur aus dem durchsichtigen Grundgewebe bestehen und andere, bei denen der Flor erhalten blieb. So erhält dieser Samt den Charakter von Spitze. Ausbrenner-Samt ist leichter und fließender als Vollsamt und sehr reizvoll in der Kombination mit Vollsamt oder Seide.

Samt ist ein schweres, fließendes Gewebe. Deshalb muß bei der Bemalung auf wichtige Dinge geachtet werden. Da das Material sehr viel Farbe aufsaugt, sollte man zumindest bei Meterware zu Färbemöglichkeiten greifen, die preiswert und dennoch gut sind. Mit der Färbung in der Waschmaschine oder im Kochtopf erreicht man bei Verwendung der richtigen Farben eine hervorragende Farbbrillanz. Möchten Sie eine Musterung haben, können Sie diese anschließend mit verschiedenen Techniken erzielen.

Auf der nächsten Seite sehen Sie vier verschiedene Schals mit Ausbrennermustern. Die floralen Muster heißen „Ranke“ und „Blüte“. Von den graphischen Mustern hat nur das untere einen Namen: „Arabeske“ . Eine große Anzahl verschiedener Muster erhalten Sie auch als Meterware.

Die Farben

Die richtige Wahl der Farben ist für das Färben von Samt sehr wichtig. Dabei müssen Sie zunächst berücksichtigen, ob Sie dampffixieren möchten oder können. Problematisch wird dies bei Meterware. Denn durch das Volumen des Flors ergibt sich eine sehr dicke Fixierrolle, so daß Sie ein großes Fixiergerät benötigen. Statt dessen können Sie auch eine Waschmaschinenfärbung vornehmen. Wenn Sie den Stoff anschließend mit Stoffmalfarbe bedrucken, ist keine Dampffixierung nötig.

Für kleine Teile, die nicht mehr als 250 g wiegen, können Sie eine der Shibori-Techniken im Kochtopf anwenden. Auch hierfür ist keine weitere Fixierung nötig.

Die Tatsache, daß Seidensamt aus zwei unterschiedlichen Fasern besteht, muß bei der Wahl der Farben unbedingt bedacht werden. Sie müssen Farben verwenden, die sowohl Seide als auch Viskose oder Acetat sicher färben. Diese Eigenschaft haben aber nicht alle Farben. So bluten die meisten Seidenmalfarben aus dem Flor trotz Fixierung aus. Aber eben dies kann man sich trickreich zunutze machen. Denn es ist möglich, beide Fasern in zwei Arbeitsgängen in zwei verschiedenen Farben einzufärben.

Für alle Färbetechniken gilt: Den Samt nach dem Bearbeiten auswaschen, nur leicht in einem Frotteetuch auswringen, dann schütteln, um die Florfasern alle in die gleiche Richtung zu bringen. Trocknen Sie Seidensamt möglichst liegend. Nach dem Trocknen bügeln Sie ihn von links mit dem Dampfbügeleisen und Baumwolleinstellung.

Ich stelle Ihnen auf der nächsten Seite die Farben vor, mit denen ich sehr gute und gute Erfolge hatte. Wenn Sie sich daran halten, ersparen Sie sich unnötige Enttäuschungen.

Es gibt verschiedene Hersteller von Farben für die Färbung in der Waschmaschine, z. B. Simplicol, Eswacolor, Deka, Marabu. Ich habe diese getestet und machte mit allen recht gute Erfahrungen. Die besten Ergebnisse erzielte ich mit der neuen textil echt farbe von Simplicol. Sie ist von unübertroffener Farbbrillanz und Farbstärke, auch bei der Färbung im Kochtopf oder in der Schüssel.

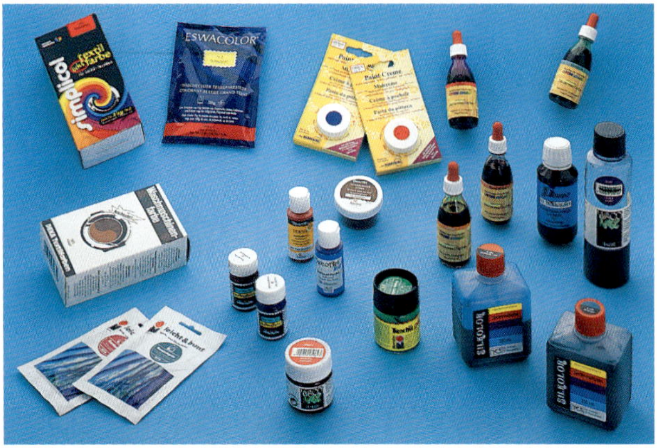

Zum Bemalen des Seidensamtes eignen sich am besten Reaktivfarben wie Silkolor oder die Waco Magic Basic-Farbe. Die anderen Seidenmalfarben wie z.B. Dupont eignen sich nur zur Färbung des Grundgewebes. Für am besten geeignet für die gleichzeitige Färbung beider Fasern halte ich die natürliche Seidenmalfarbe Living Colors der Firma Heidelberger Naturfarben. Diese Farbe auf Naturbasis wurde speziell für Seidensamt entwickelt. Sie wird von Flor und Grundgewebe gleichermaßen stark aufgenommen und ergibt besonders schöne und ausdrucksvolle Farbeffekte. Außerdem hat diese Farbe den Vorteil, daß sie nach dem Fixieren nur wenig ausblutet. Auch das Aquarellieren gelingt mit ihr besonders gut. Sie läßt sich auch gut mit anderen dampffixierbaren Farben mischen.
Zum Bedrucken und Schablonieren verwenden Sie neben verdickter dampffixierbarer Seidenmalfarbe oder Waco Magic Reaktivpaste auch Stoffmalfarbe, z. B. von Hobbidee, Waco Magic, Marabu und Rayher oder Malcreme bzw. Schablonierfarbe, z. B. von Rayher oder Hobbyring.

DIE TECHNIKEN

Waschmaschinenfärbung

In den Packungen finden Sie genaue Anweisungen, wie vorzugehen ist. Halten Sie sich bitte vor allem genau an die Gewichtsangaben für die zu färbende Stoffmenge. Andernfalls erzielen Sie keine optimalen Färbeergebnisse. Mit flüssigen Textilfarben, wie z.B. mit der textil echt farbe von Simplicol, kann man wunderbar eigene Farbtöne mischen. Dabei testen Sie durch Eintauchen eines kleinen Restes Seide den Farbton und mischen so lange, bis Sie zufrieden sind. Am Ende benötigen Sie ein Fläschchen voll Farblösung, damit das Granulat und das Salz im richtigen Verhältnis eingegeben werden können. Bei Pulverfarben ist das Mischen schwieriger.

Färben im Kochtopf

Bei der Färbung im Kochtopf oder in der Schüssel können Sie die Dosierung der Farbe freier handhaben, denn die Zugabe von Granulat und Salz wird löffelweise abgemessen.
Auch hierfür finden Sie genaue Anweisungen in der Packung.

Sowohl in der Waschmaschine als auch im Topf können Muster gefärbt werden. Wenn Sie den Stoff im Topf zum Färben liegenlassen, ohne ihn häufig zu bewegen, färben sich interessante Knittermuster ein. Und wenn Sie den Stoff verschnüren oder knoten, ergeben sich sowohl in der Waschmaschine als auch im Topf Shibori-Muster (siehe ab Seite 14).

Unterschiedliche Färbung von Flor und Basisgewebe

Bei dieser Färbetechnik macht man sich die Tatsache, daß Flor und Basisgewebe aus unterschiedlichen Materialien bestehen, zunutze. Mit einem kleinen Trick lassen sich beide Gewebe unterschiedlich einfärben. So erhalten Sie z. B. ein schwarzes Basisgewebe und einen roten Flor. Mit einer Reaktivfarbe (das sind z. B. die Waschmaschinenfarben) können Sie sowohl im Kochtopf als auch in der Waschmaschine zuerst den Flor mit einer beliebigen Farbe färben. Färben Sie anschließend den Samt mit einer dampffixierbaren Seidenmalfarbe in einer anderen Farbe, wird das seidene Grundgewebe gefärbt, und der Flor nimmt fast nichts von der neuen Farbe auf. Dazu geben Sie auf 3 l 60° heißes Wasser ca. 45 ml dampffixierbare Seidenmalfarbe in einen Topf und färben den Seidensamt bei gleichbleibender Temperatur 50 bis 60 Min. darin. Dann wird er gewaschen. So erhalten Sie einen Seidensamt, dessen Flor in einer anderen Farbe als das Basisgewebe eingefärbt ist.

Malen mit Pulverfarben

Nur der Flor kann gefärbt werden, wenn Sie z.B. einen Teelöffel Eswacolor Textilfarbe in Pulverform und einen Teelöffel Eswacolor Fixiersalz in 40 ml heißem Wasser lösen und ihn damit bepinseln. Nach 24 Stunden Trockenzeit ist die Farbe in Flor fixiert, und der Überschuß wird ausgewaschen. Dann kann in einer zweiten Färbung der Seidengrund mit einer dampffixierbaren Seidenmalfarbe im Topf gefärbt werden.

Aquarellverlauf

Der Samt wird mit dem Flor nach unten auf eine Folie gelegt. Zum Bemalen wird dampffixierbare Seidenmalfarbe verwendet. Jetzt können Sie auf dem glatten Seidengewebe mit einem Pinsel in Aquarellverläufen malen. Die Farbe dringt in den Flor nach unten. Wenn Sie den Samt dann umdrehen, können auf der Florseite, wie bei der Seidenmalerei auch, mit Salz, Wasser und Alkohol Akzente gesetzt werden. Sie können auch Partien ganz weiß belassen. Dann müssen Sie aber beim Auswaschen darauf achten, daß die weißen Stellen nicht von dunklen, ausblutenden Farben unansehnlich gefärbt werden. Das kann besonders bei Schwarz passieren. Um dies zu vermeiden, können Sie das sehr dunkle Blattgrün der natürlichen Seidenmalfarben verwenden. Denn dieses blutet nicht so stark aus.

Malen mit verdickten Farben

Rühren Sie ein Drittel dampffixierbare Seidenmalfarbe und zwei Drittel Verdicker zu einer homogenen Masse zusammen. Diese Masse können Sie mit dem Pinsel auftragen, mit einem Spachtel auf dem Samt verteilen oder in einen Liner füllen und dann mit oder ohne Pen graphisch arbeiten. Wenn Sie mehr Farbe in die

Paste geben, wird diese flüssiger. Die Malerei wird damit flächiger und verläuft. Ist die Paste relativ fest, dann werden die Linien klar und gut abgegrenzt. Die Konsistenz sollte so sein, daß die Farbe immer durch den Flor auf die Seide dringt, damit auch die Rückseite gestaltet ist. Wenn Sie die Linien auf den noch feuchten, grundierten Samt zeichnen, verschwimmen sie, was sehr reizvoll sein kann. Sollen die Linien aber klar sein, muß die Grundierung erst trocknen.

Sie können die verdickte Farbe in einen Liner füllen und graphische Muster aufzeichnen. Mit festerer Farbe werden die Linien schmal, mit flüssigerer Farbe breiter. Das gleiche gilt für die Malerei mit Pinsel und Spachtel.

Diese beiden Verdickertechniken können auf dem weißen, unbemalten Samt ausgeführt werden. Nach dem Trocknen der verdickten Farbe kann dann der Samt mit flüssiger Seidenmalfarbe bemalt werden. Diese dringt nicht in die Partien ein, die mit verdickter Farbe bemalt wurden. Wenn allerdings die verdickte Farbe nicht gut getrocknet ist, reserviert sie nicht ausreichend, und die flüssige Farbe dringt teilweise in die bemalten Partien ein. Aber auch so können besonders raffinierte Effekte erzielt werden. Wie bei vielen künstlerischen Arbeiten ist die Kombination verschiedener Techniken interessant. So sehen Sie auf Seite 9 drei Möglichkeiten. Der rosa Schal (links) wurde zuerst in Rosatönen grundiert, dann sind die Spiralen mit dem Liner und verdicktem Violett aufgezeichnet. Die weißen Spiralen sind mit neutraler Waco Magic Reaktivpaste aus dem Liner gezeichnet. Für den dunklen Schal (Mitte) wurde das Dunkelrot mit einem Kuchenschaber auf die weiße Seide gespachtelt. Bevor die gespachtelten Teile trocken waren, wurde der graue Fond gemalt. In den feuchten Fond wurden mit verdicktem Blattgrün aus dem Liner runde und eckige Linien gezogen. Für beide Schals wurde die natürliche Seidenmalfarbe benutzt. Der kräftig bunte Schal (rechts) wurde mit dampffixierbarer Seidenmalfarbe in Rot, Gelb, Blau und Grün in der Aquarelltechnik grundiert. Nach dem Trocknen werden die Spiralen aus dem Liner mit verdicktem Schwarz und Waco Magic Reaktivpaste aufgezeichnet.

Waco Magic Reaktivpaste

Mit ihr können Sie helle Muster in dunkle Stoffe bringen. 40 ml Waco Magic Viscoser und ein Teelöffel Waco Magic Salz ergibt neutrale Waco Magic Reaktivpaste, mit der man einen weißen Effekt auf dunkler Seide erzielt. Gibt man Waco Magic Effekt-Farbe dazu, erhalten Sie einen Effekt in dieser Farbe.

Fixierung

Seidensamt läßt sich auf unterschiedliche Arten fixieren. Möchten Sie ihn dampffixieren, dauert dies ca. 2-3 Stunden. Auch mit der Fixierung in der Mikrowelle habe ich gute Erfahrungen gemacht. Dazu legen Sie den noch feuchten Samt in eine geeignete Schüssel und fixieren ihn bei 550 Watt unter mehrmaligem Wenden pro Seite ca 8 Min. so lange, bis er trocken ist (ca. 3 x 8 Min.). Bei Shibori-Techniken dauert dies länger (ca. 60 Min.). Möchten Sie Seide in der Mikrowelle fixieren, verfahren Sie genauso.

Drucken mit Moosgummi

Aus Moosgummi lassen sich leicht beliebige Formen schneiden. Um einen Moosgummistempel selbst herzustellen, benötigen Sie folgende Materialien: Moosgummi (zwei bis drei Millimeter stark), Schere oder Cutter, Schneideunterlage, Filzstift, Papiermesser, Kohlepapier, Klebstoff, Holzklötzchen.

Zeichnen Sie Ihr Motiv mit Filzstift auf das weiche Moosgummi auf. Wenn Sie keine eigene Idee haben, suchen Sie in Stoffmustern, Tapeten oder ähnlichem nach einer geeigneten Vorlage. Auch in Computerprogrammen kann man fündig werden. Das gewünschte Motiv übertragen Sie auf das Moosgummi, indem Sie Kohle- oder Schneiderpapier auf das Gummi legen, die Vorlage darüberlegen und diese dann mit einem spitzen Bleistift nachzeichnen. Anschließend können Sie das Motiv mit einer scharfen Schere ausschneiden. Filigrane Motive schneiden Sie am besten mit dem Cutter aus. Dazu muß eine Schneideunterlage oder eine glatte Pappe unter dem Moosgummi liegen; das verhindert Unsauberkeiten an den Schnitträndern und Schnittspuren auf Ihrem Tisch. Kleben Sie das ausgeschnittene Motiv auf ein Holzklötzchen. Das macht den Druckstock sehr handlich und verhindert Schmierereien.

Ein Druckstock aus Moosgummi läßt sich sehr vielseitig einsetzen. Sie können mit allen pastosen Farben drucken. Auf Samt sind die Ergebnisse mit Stoffmalfarbe, mit verdickter Seidenmalfarbe und mit Waco Magic Reaktivpaste besonders schön. Ein selbst entworfener Druckstock führt immer zu einer ganz individuellen Arbeit. Aber ein alter Druckstock hat auch seine Reize. Gedruckt wird genauso wie mit Stempeln aus Moosgummi.

Auf Seite 13 sind zwei Kissen abgebildet, die mit einer Mischfarbe aus Orange und Rot (gelbes Kissen) bzw. Orange, Rot und Schwarz (orangefarbenes Kissen) mit Waco Magic Basic Farbe grundiert wurden. Das orangefarbene Kissen wurde dann mit gelber Waco Magic Reaktivpaste und einem Druckstock bedruckt, das gelbe mit verdicktem Rot. Das grüne Kissen auf Seite 12 ist mit dampffixierbarer Seidenmalfarbe in Blau- und Grüntönen grundiert und in der Mikrowelle fixiert. Dann werden die Rosen mit neutraler Waco Magic Reaktivpaste aufgedruckt.

Geben Sie die benötigte Farbpaste, hier ist es Stoffmalfarbe, auf eine Glasplatte oder Kachel, und rollen Sie die Farbwalze mehrere Male, immer in der gleichen Richtung, über die Farbe. Dadurch wird die Walze gleichmäßig mit Farbe versehen.

Jetzt verteilen Sie die Farbe auf dem Moosgummi, indem Sie mehrere Male mit der Farbwalze in der gleichen Richtung über das Moosgummi rollen.

Drücken Sie den Druckstock kräftig auf den Samt. Dabei ist das Holzklötzchen sehr hilfreich. Ohne es würden Sie nicht mit dem entsprechenden Druck arbeiten können, und der Aufdruck wäre nicht gleichmäßig.

„Rosengrüße“

(Abbildung Seite 12 und 13)

Durch die Farbgebung und den alten Druckstock wirken die Kissen auf Seite 13 fast antik, während die Kissen auf Seite 12 eher modern sind (Beschreibung siehe Seite 10). Die schwarzen Rosen sind mit Stoffmalfarbe auf rot grundierten Samt gedruckt.

„Rosengrüße“

(Anleitung Seite 10/11)

Shibori-Techniken

Shibori ist der Überbegriff für Stoffärbetechniken alter Kulturen in Japan, Indonesien, Indien, Afrika und Lateinamerika. Der Name entstand aus „shiboru“, japanisch etwa: wringen, drücken, pressen. Das wesentliche Merkmal dieser Technik ist, daß beim Färben eine Reservierung ohne textilfremde Hilfsmittel wie Wachs oder Gutta erfolgt. Shibori-Techniken sind sehr einfach, weshalb sie häufig Anwendung in Schulen und Kindergärten finden und Ihnen daher sicher bekannt sind. Die Muster entstehen durch verschiedene Möglichkeiten, Stoffe zu drapieren, dann zu färben und die Farbe entweder durch langsames Trocknen in die Falten eindringen zu lassen oder dies durch enge Drapierungen ganz zu verhindern.
Für Seidensamt sind diese Techniken besonders geeignet, da sie zum einen das Aufspannen des Stoffes unnötig machen. Zum anderen kommt es zu wunderschönen Effekten, weil der Samt mit seinem Florvolumen ein starkes Einsickern der Farbe in die Falten ermöglicht. Je fester die Pressung des Samtes ist, um so stärker konturiert werden die Muster. Ein lockerer Faltenwurf beim Farbauftrag hat verschwommene Muster zur Folge.
Einige dieser Techniken möchte ich Ihnen nun vorstellen. Sicher werden Sie überrascht sein, wenn Sie mit ihnen experimentieren. Sie können laufend neue, interessante Musterungen erzielen, indem Sie Varianten im Falten, Legen und Binden des Samtes erproben. Diese unvorhersehbare und nicht perfekt zu planende Gestaltungsform hat ihre besonderen Reize. Man sagt solchen Stoffen magische Wirkung nach, weil eine Art Verselbständigung der Aussage geschieht. So sind die vorgestellten Objekte auch nicht genau nachzuarbeiten. Sie müssen bereit sein, sich ein wenig überraschen zu lassen. Es ist jedesmal aufregend und spannend, wenn das gefärbte Objekt „enthüllt“ wird und man das Muster entdecken kann.
Gearbeitet wird hier mit dampffixierbaren Seidenmalfarben. Die Objekte lassen sich sowohl in der Mikrowelle als auch mit der Dampffixierung fixieren. Alle Verschnürungen können feucht in der Mikrowelle fixiert werden. Wenn Sie dampffixieren, lassen Sie den Stoff trocknen, damit sich das Muster durch das Eindringen der Farben bilden kann. Danach knoten Sie ihn auf, entfernen alle eingebundenen Gegenstände und fixieren ihn anschließend.
Wenn möglich, sollten Sie den Samt vor dem Fixieren von links bügeln, damit die Falten durch das Fixieren nicht im Samt bleiben.

Plangi

Das ist eine spezielle Art Shibori. Es handelt sich um Abbinden von Stoffpartien. Sie kennen diese Muster sicher von Baumwollstoffen. Man nennt sie fälschlicherweise auch Abbindebatik. Hier werden Gegenstände in den Stoff gewickelt und fest zusammengeschnürt. Wenn eine feste Schnürung vorliegt, dringt wenig oder keine Farbe ein.
Hier wurden Kieselsteine in den Samt gebunden. Dies ergibt geheimnisvolle Blütenmuster. Zuerst wird der Samt befeuchtet, dann werden die Steine auf der Florseite hineingebunden. Anschließend können Sie mit Pipette oder Pinsel Farbe auftragen. Wichtig ist die Farbwahl.

Sie sollten als erste Farbe einen relativ hellen Farbton wählen. Dann werden dunklere Farben aufgetragen, die nur partiell in die Verschnürungen eindringen können und so die Muster bewirken. Statt der Steine können Sie auch Holz, Knochen, Stifte etc. einschnüren.

Auch ohne Gegenstände einzuschnüren, können Plangi-Musterungen erzielt werden. Machen Sie den Samt feucht, und schnüren Sie viele Zipfel zusammen. So entsteht ein Muster, das an Sterne erinnert.

Sie können den Samt auch nur zusammenlegen und an verschiedenen Stellen verschnüren. So ergibt sich wieder ein neues Muster. Hier ist jetzt Ihre Phantasie gefordert, lassen Sie sich verschiedene Abbindemöglichkeiten einfallen!

Tritik

Dies ist eine weitere Shibori-Art. Hier wird der Samt mit der Florseite nach innen zusammengelegt, und Muster werden aufgenäht. Entlang der Nähte wird der Samt zusammengepreßt, und die Muster bilden sich je nach Nahtkombinationen. Sie können z. B. Streifen oder Rhomben mit der Maschine oder mit der Hand aufnähen. Dann wird zuerst eine helle Farbe aufgetragen, die man einsickern läßt. Danach gibt man auf die an der Oberfläche liegenden Partien dunklere Farbe auf, welche nicht bis in die Nähte dringt.

Hier sehen Sie ein Beispiel für Tritik. Der Samt wurde in Streifen und Rhomben zusammengenäht. Verschiedene Grüntöne ließen diese Musterung entstehen.

„Sonnenstrahl und Blütenzauber“

(Anleitung Seite 18)

„Sonnenstrahl und Blütenzauber“

(Abbildung Seite 16 und 17)

Auf Seite 16 sehen Sie zwei in der Shibori-Technik gestaltete Schals. Beide sind mit natürlicher Seidenmalfarbe bemalt. Der rechte Schal wurde auf der Rückseite in breiten Querlinien mit Rot und verdünntem Blau bemalt, dann naß, mit dem Flor nach oben, zusammengeschoben und etwas geknüllt. Über Nacht trocknet er liegend und wird dann dampffixiert. In den linken Schal wurden große Steine gebunden. Mit Gelb, Grün und Blau wurde er bemalt, über Nacht trocknete er, dann wurden die Steine entfernt. Anschließend wird der Schal gebügelt und dampffixiert.

Auf Seite 17 sind zwei in der Tritik-Technik mit dampffixierbarer Seidenmalfarbe gestaltete Schals abgebildet. Der blaugraue Schal wurde in der Mitte zusammengelegt und in Quadraten abgesteppt, dann wurden die Steppfäden zusammengezogen, so daß der Stoff komplett gerafft war. Danach wurde der Samt befeuchtet, grau bemalt, dann mit Rot, Schwarz und Grün betupft und in der Mikrowelle dreimal 20 Min. bei 550 Watt fixiert. Während des Fixierens sollten Sie den Schal einige Male wenden.
Der rosa-blaue Schal entstand ähnlich; er wurde viermal zusammengefaltet, mit der Hand zusammengenäht, dann mit Rosa und Blau betupft und ebenso in der Mikrowelle fixiert.

Auch bei den Arbeiten in der Tritik-Technik können Sie Hilfsmittel wie z. B. Steine verwenden. Hier wird allerdings nicht eingewickelt, sondern eingenäht. Da, wo Falten oder Kanten sind, läuft die Farbe zusammen oder auseinander und läßt die streifenförmigen Muster entstehen. Ich schlage Ihnen eine Reihe von Gegenständen vor, die sich für eine solche Einnäh- oder Umnäharbeit eignen: Packrollen, Weinschachteln, Pappkartons und Bilderrahmen oder auch ein stabiler Aktenordner lassen sich einsetzen. Für sehr große Teile, wie z.B. Meterware, besorgen Sie sich ein Stück sehr feste Plastikfolie und legen diese mit Hilfe von Wäscheklammern zu einer Röhre mit dem Umfang der Breite des Stoffes. Der der Länge nach zusammengenähte Stoff wird mit vielen Falten stramm über die Rolle gezogen und bemalt. Die so entstehenden Streifenmuster verschiedenster Art liegen immer quer. Wenn Sie Längsstreifen möchten, müssen Sie den Samt der Breite nach zusammenlegen und festnähen (siehe hierzu auch den dunkelroten Stoff auf S.41, als Kontrast wurde hier Schwarz verwendet). Die Röhre muß dann den Umfang der Länge des Stoffes haben. So verlaufen die Streifen senkrecht.
Unten sehen Sie eine Schachtel für Weinflaschen und einen Schal, der um sie genäht und zusammengeschoben wurde.

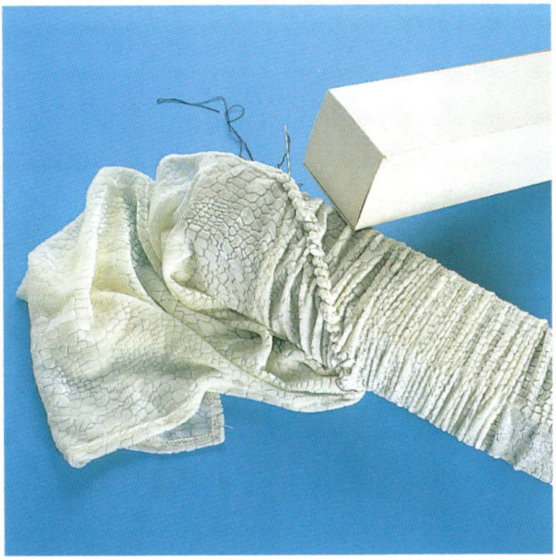

Umkleben Sie die Schachtel mit Klebeband, damit die Feuchtigkeit sie nicht aufweicht, und stopfen Sie sie fest mit Zeitungspapier aus, um sie zu stabilisieren. Legen Sie nun den Schal der Länge nach um die Schachtel, und nähen Sie ihn um diese herum zusammen. Raffen Sie ihn dann so auf der Schachtel zusammen, daß viele Falten entstehen. Der zusammengenähte Schal kann vor dem Farbauftrag feucht gemacht werden, dann vermischen sich die Farben nicht so stark. Wenn er trocken bleibt, mischen sich die Farben stärker. Jetzt wird mit einem dicken Pinsel die Grundfarbe Rosa aufgetragen. Ziehen Sie dazu Gummihandschuhe an, denn Sie müssen den Samt tüchtig drücken und kneten, damit in alle Falten Farbe dringt. Prüfen Sie dies nach, indem Sie an einigen Stellen die Falten auseinanderschieben. Es kann aber auch sehr schön aussehen, wenn einige Stellen weiß bleiben.

Jetzt tragen Sie eine Kontrastfarbe auf die Oberfläche der Falten auf. Hier ist es Türkis, weil diese Farbe mit Rosa gemischt einen neuen Farbton ergibt. Ich gebe gleichmäßig rundherum die neue Farbe auf, weil ich Mischtöne möchte. Wenn die Kontrastfarbe sparsam aufgetragen wird, dann werden die Streifen kontrastreicher. Wenn Sie den Schal dampffixieren möchten, lassen Sie ihn auf der Schachtel trocknen oder fönen ihn trocken. Dann nehmen Sie ihn ab und fixieren ihn.

Der noch feuchte Schal kann auch zusammen mit der Pappschachtel dreimal 10 Min. bei 550 Watt in der Mikrowelle fixiert werden. Wenden Sie die Schachtel währenddessen einige Male. Danach muß er trocken sein.
Jetzt können Sie Ihr Kunstwerk durch Aufziehen der Naht enthüllen. Sie sehen, wie sich ein Muster aus verwaschenen Streifen in der neuen Farbe gebildet hat.

„Tigervariation"

Beide Schals wurden auf eine Schachtel für Weinflaschen genäht und zusammengeschoben. Der braune Schal hat Hellbraun als Grundfarbe und Dunkelbraun als Kontrastfarbe. Die Grundfarbe des blauen Schals ist Dunkelblau, als Kontrast wurde eine Lösung aus 40 ml Wasser und einem Teelöffel Waco Magic Salz aufgetragen. So wurde als Kontrast in unterschiedlichen Blautönen entfärbt. Alle Teile wurden mit dampffixierbarer Seidenmalfarbe bemalt und trockneten auf der Schachtel. Dann werden sie von der Schachtel genommen, von links gebügelt, dampffixiert, dann gewaschen und nochmals gebügelt.

„Kreis und Spritzer“

Reservierung mit Wachs

Reservierungstechniken mit Wachs eignen sich gut für Effekte auf Samt. Das Wachs wird auf die Florseite des Samtes gegeben. Der Samt muß dazu immer trocken sein, andernfalls dringt das Wachs nicht richtig in das Gewebe ein, und der Effekt ist ausdruckslos. Das Besondere an den Wachseffekten ist, daß Sie mit ihnen sauber abgegrenzte Musterkonturen erzielen können. Wenn Sie das Wachs auf weißen, noch ungefärbten Samt geben, bleiben die mit Wachs versehenen Stellen nach dem Farbauftrag weiß. So bin ich bei dem oberen Schal vorgegangen. Mit dem Pinsel wurden hier Striche und Spritzer aus Wachs aufgetragen. Anschließend wird der Schal mit Rot- und Blautönen der natürlichen Seidenmalfarbe bemalt.

Wenn man als Effekte keine weißen Muster möchte, kann der Samt vor dem Wachsauftrag einfarbig oder mehrfarbig grundiert werden. An den mit Wachs versehenen Stellen bleibt die Grundierungsfarbe erhalten. So bin ich bei dem Schal mit dem Ringmuster vorgegangen. Er wurde in hellen Rosatönen grundiert, aber an einigen Stellen auch weiß belassen. Dann wird das Muster mit Pfeifenputzern aufgedruckt. Dazu tauchen Sie einen in eine beliebige Form gebogenen Pfeifenputzer in heißes Wachs und drucken damit sofort auf den Samt. So können Sie ein gleichmäßig über die Fläche verteiltes Muster drucken, was sonst mit Wachs nicht so einfach ist. Anschließend werden noch dunkle Rot- und Blautöne aufgebracht.
Nach dem Dampffixieren müssen Arbeiten mit Wachs in der chemischen Reinigung vollständig von Wachsresten befreit werden, damit der Samt seinen weichen Fluß behält.

Schablonentechniken

Das Arbeiten mit Schablonen bietet sich für die Gestaltung auf Samt an. Mit ihrer Hilfe können Sie z. B. gegenständliche Motive auf den Samt aufbringen. Sie können aber auch das Muster eines Ausbrenner-Schals mit Hilfe einer Schablone ganz einfach auf Vollsamt übertragen, womit Sie aparte Kombinationsmöglichkeiten zur individuellen Gestaltung Ihrer Garderobe schaffen.

Eine weitere experimentelle Technik besteht darin, einen Burnout-Samt selbst als Schablone zu benutzen, indem Sie durch ihn hindurch auf die darunterliegende Seide, die mit Sprühstärke eingesprüht wurde, Farbe sprühen. So erhalten Sie in einem Arbeitsgang einen dunkel gefärbten Burnout-Samt sowie den passenden Seidenstoff mit dem negativen Burnout-Muster. Sie können aber auch eine Lösung aus 40 ml Wasser und 1 Teelöffel Waco Magic Salz durch den Burnout-Samt sprühen. Dann erscheint das Muster auf der darunterliegenden, grundierten Seide weiß. Statt der Seide kann man natürlich auch Vollsamt nehmen. Ihn brauchen Sie auch nicht mit Sprühstärke zu präparieren.

Sie benötigen Burnout-Samt und mit gelber, dampffixierbarer Seidenmalfarbe grundierte Seide, z. B. Crêpe de Chine, eine Pumpsprühflasche, gefüllt mit schwarzer Seidenmalfarbe zum Dampffixieren sowie Sprühstärke.

Spannen Sie die grundierte Seide auf einen Rahmen, und besprühen Sie sie komplett mit Sprühstärke. Lassen Sie sie trocknen, und legen Sie dann den Ausbrenner-Samt auf die Seide. Jetzt sprühen Sie mit der Sprühflasche zügig, aber vorsichtig, schwarze Farbe auf den Samt. Diese dringt durch die ausgebrannten Partien, wodurch das Muster auf die Seide übertragen wird. Heben Sie den Samt schnell wieder hoch, lassen Sie Samt und Seide trocknen, und dampffixieren Sie beides.

„Blütenzauber“

(Abbildung Seite 23)

Das in kräftigem Pink, Violett und Türkis grundierte Tuch wurde mit Schwarz besprüht. Das hellere Tuch wurde mit Rot, Blau und Gelb grundiert und dann mit einer Lösung aus schwarzer Seidenmalfarbe, Waco Magic Salz und Wasser besprüht. Verwendet wurden hier dampffixierbare Farben.

Sprühtechnik

Hier wird die feine Technik Airbrush im Groben betrieben. Der Farbauftrag mit der relativ groben Pumpsprühflasche ist für Seide problematisch, weil sich große Sprühtropfen schnell zu einem häßlichen Klecks ausbreiten. Deshalb muß die Seide vor dem Sprühen mit Sprühstärke präpariert werden. Beim Samt ist das nicht nötig. Die feinen Florfasern nehmen die Tröpfchen anders auf, und es lassen sich leicht und sehr wirkungsvoll Motive und Farbverläufe auf den Samt sprühen.

Die Schablonen schneiden Sie selbst aus fester Pappe zu. Für einfache Farbverläufe und Überschneidungen können Sie ein Stück Pappe reißen und den gerissenen Rand als Schablone verwenden.

Die Florseite des weißen Samtes wird mit dampffixierbarer Seidenmalfarbe, die in eine Pumpsprühflasche gefüllt wurde, sprühend grundiert. Die Schnittkante der Pappe wird bei jedem Sprühen anders gelegt, dadurch entsteht auch schon ein Grundmuster. Wenn Farben übereinandergesprüht werden, ergeben sich Mischeffekte.

Jetzt wird durch die figürlich gestaltete Schablone blaue, dampffixierbare Seidenmalfarbe gesprüht, und die Rosen erblühen auf dem Samt. Nach zweimaligem Sprühen muß die Farbe von der Schablone gewischt werden, sonst gibt es beim Auflegen auf den Samt Kleckse. Diese Rosenschablone wurde auch für den auf Seite 31 abgebildeten Schal verwendet. Rechts sehen Sie einen Stoff, der mit einer Männchen-Schablone gestaltet wurde. Ihrer Phantasie sind keine Grenzen gesetzt!

Stencil-Technik

Die Stencil-Technik ist eine der einfachsten Techniken, für die Sie die wenigsten Hilfsmittel benötigen und die sich ganz hervorragend für Fertigkleidung eignet. Sie brauchen Schablonen und z. B. Schablonierfarbe. Schablonen können Sie in riesiger Auswahl in jedem Bastelfachgeschäft erstehen. Origineller ist natürlich die Herstellung einer eigenen Schablone. Sie können sie z. B. aus einem Plastikschnellhefter mit einem Papiermesser ganz einfach ausschneiden.

Ich habe für das folgende Beispiel das Schablonenmuster von einem Burnout-Samt abgenommen. Dazu habe ich das Samtmuster abgepaust und es dann mit Kohlepapier auf die Plastikfolie übertragen.

Zwischen Vorder- und Rückenteil wird eine Zeitung gelegt, um das Durchdrücken der Farbe zu verhindern. Die Farbe wird mit einem Schwämmchen durch die Schablone gerieben. Da der Samt rutschig ist, muß man ihn gut festhalten. Durch das Schablonieren mit mehreren Farbtönen können Sie eine plastische Wirkung erzielen. Lassen Sie die Arbeit auf der ersten Seite 24 Stunden lang trocknen, damit nichts verschmiert wird, und schablonieren Sie dann die andere Seite.

Lesen Sie die Arbeitsanweisungen zu den jeweiligen Farben immer genau durch.

„Ranken“

(Abbildung Seite 27)

Hier können Sie sehr gut erkennen, wie der Burnout-Samt links, der in der Waschmaschine mit Textilfarbe rot gefärbt wurde, mit dem entsprechenden Stencil-Muster auf dem Top aus weißem Samt harmoniert. Auf Seite 41 sehen Sie noch den in der Waschmaschine mitgefärbten Vollsamt. So können Sie sich Ihr ganz individuelles Ensemble kreieren.

Rollendruck

Hier kommt ein Gerät zu neuen Ehren, das Sie vielleicht noch von Großmutters Wanddekoration kennen. Früher wurden mit diesen Rollen auf gekalkte und vorgestrichene Wände farbige Muster gerollt. Diese Rapportmuster können unendlich lang und nebeneinander gerollt werden. Solche Rollen gibt es heute wieder im Fachhandel. Sie eignen sich hervorragend als Druckwerkzeuge für Textilien. Ihre Handhabung ist denkbar einfach. Da der Samtflor nur an den Spitzen die Farbe aufnimmt, entstehen sehr zarte, ausdrucksvolle Farbnuancen. Nach dem Trocknen der Seidenmalfarbe wird dampffixiert.

Geben Sie verschiedene verdickte Seidenmalfarben nebeneinander auf eine Kachel. Ich habe hier die natürliche Seidenmalfarbe verwendet. Rollen Sie den Schwamm des Gerätes so lange immer in einer Richtung über die Farbkleckse, bis die ganze Schwammrolle mit Farbe getränkt ist. Das ist das ständige Farbdepot beim Rollen.

Jetzt setzen Sie die Musterrolle kräftig auf den Beginn der Musterung und rollen mit gleichmäßigem Druck auf den Samt nach vorne. Dabei halten Sie mit einer Hand den Stoff fest, damit er nicht wegrutscht. Auch die Rückseite des Samtes kann noch überrollt werden. Sie sehen, wie schön das bei dem rechts abgebildeten Schal aussieht. Auf der unten hochgeklappten Ecke sehen Sie die bedruckte Rückseite. Anschließend wird der Schal dampffixiert.

„Feuer der Nacht“

Im Fachhandel erhalten Sie auch schwarzen Seidensamt. Dieser wurde mit einem Moosgummistempel und verschieden gefärbter Waco Magic Reaktivpaste bedruckt. Anschließend fixieren Sie ihn 1/2 Stunde, um den Magic-Effekt zu erhalten. Dieser Stoff eignet sich toll für einen langen Rock.

„Weiße Rosen – zartes Blatt“

Diese Muster entstanden durch Besprühen mit der Lösung aus Wasser und Waco Magic Salz (siehe Seite 22). Der Schal mit dem ausgebrannten Rosenmuster ist gefüttert. Beide Schals sind im Kochtopf gefärbt. Der Rosenschal zuerst mit flüssiger, roter Textilfarbe, dann schwarz mit dampffixierbarer Seidenmalfarbe. Das Futter erhält so eine schöne, gleichmäßige Färbung. Der blaue Schal wurde im Kochtopf mit marineblauer, dampffixierbarer Seidenmalfarbe gefärbt.

„Raubkatze mit Samtpfoten“

Raubtiermuster entstehen durch Auftragen dunkler Flecken auf die Samtrückseite. Für das braune Muster wurden in das Schwarz Pinselkleckse mit einer Lösung aus Wasser und Waco Magic Salz (siehe Seite 22) gemalt. Die Lösung war mit wenig gelber und grüner Effektfarbe abgetönt. Für das schwarz-weiße Muster malen Sie die schwarzen Flecken auf die Rückseite des weißen Samtes. Zum Bemalen werden dampffixierbare Seidenmalfarben verwendet.

„Rosenstoff und Spurenschal“

Bei dem Stoff „Sebi“ mit den großen Rosen und bei dem Schal „Spuren“ ist viel Samt ausgebrannt, so daß der dunkel gefärbte Seidenuntergrund intensiv zur Geltung kommt.

Beide werden im Topf zuerst mit flüssiger Textilfarbe rot und anschließend mit dampffixierbarer Seidenmalfarbe schwarz gefärbt.

„Top-modisch“ und „Pastell“

Der Stoff „Samo“ unten rechts im Bild wurde gemeinsam mit dem Vollsamt auf S. 43 in der Waschmaschine mit Textilfarbe gelb gefärbt, anschließend wurde der Seidengrund im Topf mit dampffixierbarer Seidenmalfarbe hellbraun eingefärbt.

Den Schal mit Zackenmuster auf Seite 35 habe ich in der Waschmaschine mit Textilfarbe zuerst rot, dann mit dampffixierbarer Seidenmalfarbe im Topf violett gefärbt. Mit einem Pinsel wurde der Flor der fertig konfektionierten Weste und der des unten abgebildeten grünen Schals mit Textilfarbe in Pulverform in Türkis bemalt. Nach dem vollständigen Trocknen (die Farbe ist dann fixiert) und Auswaschen wurde der Seidengrund des Schals im Topf mit dampffixierbarer Seidenmalfarbe in Smaragdgrün, die Weste in Granatrot gefärbt.

„Schimmernder Naturglanz“

Für beide Tücher wurden, außer der Blautöne, die natürlichen Seidenmalfarben benutzt. Die Tücher waren zum Malen auf einen Rahmen gespannt und wurden auf der Florseite mit einem Pinsel bemalt. Nach dem Trocknen werden sie dampffixiert.

„Strahlendes Sommerlicht“

(Abbildung Seite 38 und 39)

Die beiden Schals auf Seite 38 sind auf der Rückseite und auf einer Folie liegend in Aquarellverläufen bemalt. Beide wurden mit den natürlichen Seidenmalfarben, der Stoff „Sona“ auf Seite 39 mit herkömmlicher Seidenmalfarbe in Rot, Schwarz und Gelb bemalt.

Zum Trocknen wurde der Stoff ein wenig zusammengeschoben; dadurch entstanden die verschwommenen Farbverläufe. Das Trocknen des 3 m langen Stückes dauerte fast 30 Stunden.

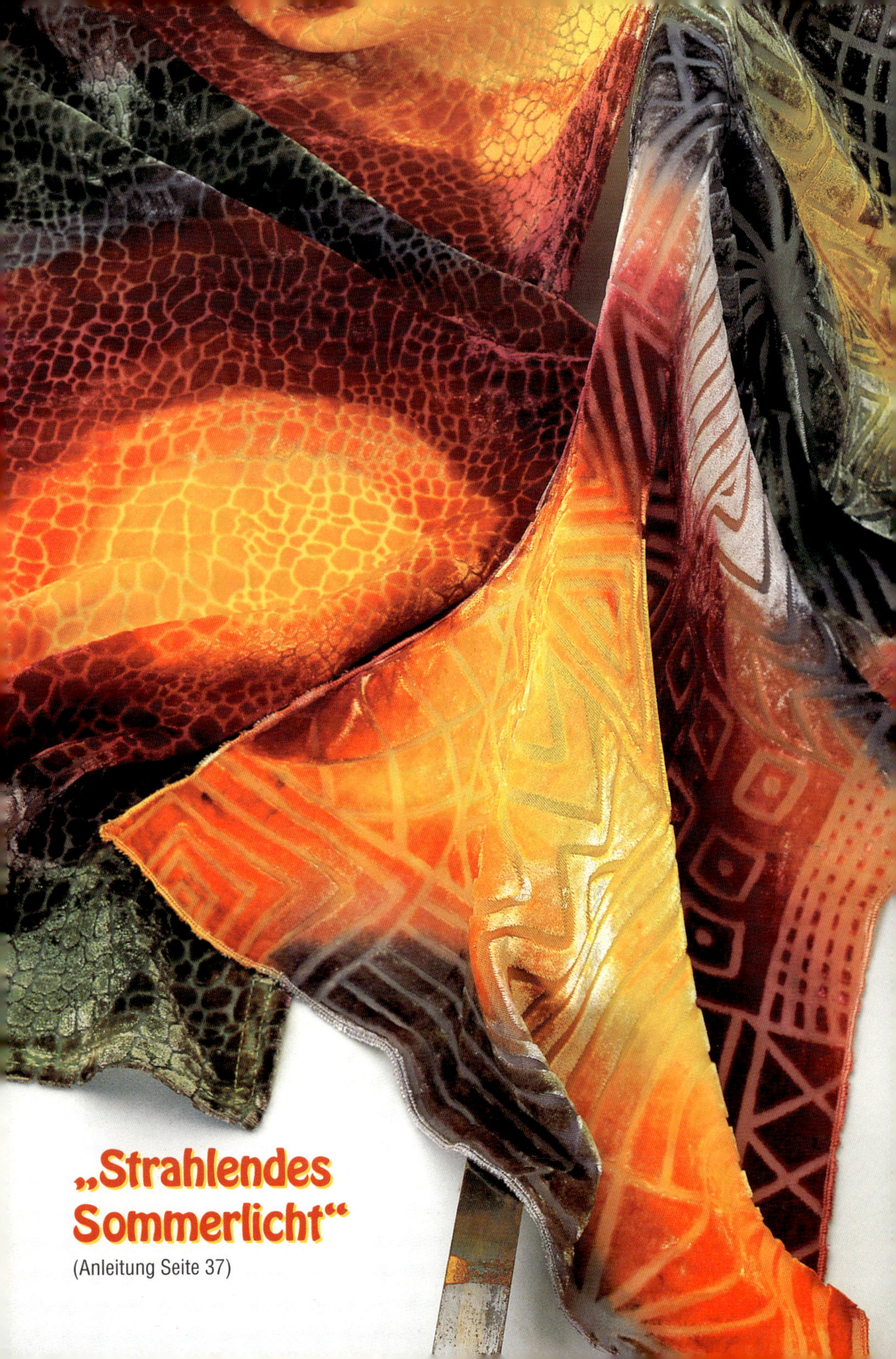

„Strahlendes Sommerlicht“

(Anleitung Seite 37)

„Blau-rotes Samtspiel"

Die blauen Stoffe (Vollsamt, Crêpe Georgette, Burnout) sind alle zusammen mit Textilfarbe in der Maschine gefärbt.

So können Sie Samt und Seide für ein Ensemble in Farbharmonie gestalten. Die beiden hellroten Stoffe wurden genauso gefärbt. Der dunkelrote Stoff rechts im Bild ist in der Tritik-Technik mit dampffixierbaren Seidenmalfarben rot und schwarz bemalt. Dazu wurde er um eine Plastikrolle genäht, die den Umfang der Länge des Samtes hatte.

„Weiche Formen – warme Farben“

Ein fertig konfektioniertes Top aus Vollsamt wurde mit dampffixierbarer Seidenmalfarbe mit Gelb, Rot und Schwarz aus der Pumpsprühflasche besprüht. Der Stoff „Sera“ wurde zuerst in der Waschmaschine mit einer Mischung aus roter und gelber Textilfarbe orange gefärbt, dann mit farbiger Waco Magic Reaktivpaste bedruckt.

„Sonne und Wiese“

Welch herrliche Farben Sie mit der Waschmaschinenfärbung erzielen können, sehen Sie hier.

„Experimente“

Dieses Experiment auf Samt ist reizvoll, aber nicht unbedingt von Dauer. Ich habe angefeuchteten Vollsamt mit der Florseite nach unten auf einen Stempel oder Druckstock gelegt und mit heißem Bügeleisen mit starkem Druck darübergebügelt. Die Florhaare legen sich dadurch platt, und es ergibt sich ein schillerndes Lilienmuster. Nach einiger Zeit richten sich die Haare wieder auf. Wenn Sie den Stoff waschen bzw. befeuchten, verschwindet das Muster wieder. Der Vorgang kann beliebig oft wiederholt werden. Um das Muster leicht farblich zu fixieren, kann wenig bügelfixierbare Seidenmalfarbe auf den Stempel gepinselt werden. Wenn Sie dann den Samt auf den Stempel legen und bügeln, wird die Lilie eingefärbt.

„Mustermix“

(Abbildung Seite 45)

Diese Weste wurde aus bemaltem Vollsamt genäht, der zuerst in Aquarellverläufen mit natürlicher Seidenmalfarbe grau, rot, orange und gelb bemalt wurde. Nach dem Trocknen wird mit einem Stempel aus Moosgummi die Spiralform mit gelber und orangener Waco Magic Reaktivpaste aufgebracht. Danach werden die dunklen Linien mit dunkelgrüner, verdickter Seidenmalfarbe aus dem Liner aufgemalt. Aus einem Reststück schnitt ich einen Schrägstreifen und umnähte damit einen mit Pongé bespannten Haarreif.

„Accessoires mit Glanz und Glitter"

Es gibt viele fertige Accessoires aus Seidensamt, die sich attraktiv gestalten lassen. Zur Bemalung werden dampffixierbare Seidenmalfarben verwendet.

Haarrosetten oder ein Pompadour können bemalt und in der Mikrowelle fixiert werden. Me-

tallklammern an Haarschleifen müssen vor der Mikrowellenfixierung abgetrennt werden. Aus Samtschnüren lassen sich sehr elegante Schmuckstücke herstellen. Sie sind farbig und weiß erhältlich. Ich habe meine selbst bemalt und auch in der Mikrowelle fixiert.

Haarreifen können Sie mit Samtresten umnähen oder mit weißem Samt bezogen fertig kaufen. Diese sind aber schwer zu bemalen, weil sich der Samt löst, wenn er feucht wird. Deshalb ist hier, wie auch beim Pompadour und der Schleife, Glitter aufgemalt – ein sehr hübscher Effekt, der auf Samt toll zur Geltung kommt. Glitter gibt es in Tuben oder im Glas.

„Raffinessen“

Reste von Ausbrenner-Samt, kombiniert mit Crêpe Satin, ergeben diesen ausgefallenen Schal. Die Samtreste sind im Kochtopf mit Textilfarbe violett gefärbt, die Seide mit dampffixierbarer Seidenmalfarbe pink. Dann wurden die Streifen abwechselnd zusammengenäht und mit Crêpe Satin abgefüttert. Bei dem Zebraschal ist nur der Flor mit pulverförmiger, schwarzer Textilfarbe mit einem Pinsel sorgfältig bemalt. Nach 24 Stunden kann die überschüssige Farbe ausgewaschen werden.